图解家居设计要点2000例

TV WALL 电视墙

李江军 编

内容提要

本书精选了多位知名设计师最新作品，每个案例都标有详细的材料说明。书中的文字内容为目前家庭装修中最实用的设计施工要点，由多位具有资深经验的设计师归纳整理而成，希望可以成为读者在装修过程中的实用性指导书。

图书在版编目（CIP）数据

图解家居设计要点 2000 例．电视墙 / 李江军编．-- 北京 ：中国电力出版社，2013.3
ISBN 978-7-5123-4128-9

Ⅰ．①图… Ⅱ．①李… Ⅲ．①住宅－装饰墙－室内装饰设计－图集
Ⅳ．① TU241-64

中国版本图书馆 CIP 数据核字 (2013) 第 043268 号

中国电力出版社出版发行
北京市东城区北京站西街19号　100005　http://www.cepp.sgcc.com.cn
责任编辑：曹巍　责任印制：郭华清　责任校对：太兴华
北京盛通印刷股份有限公司印刷 · 各地新华书店经售
2013年4月第1版 · 第1次印刷
700mm × 1000mm　1/12 · 6.5印张 · 138千字
定价：28.00元

CONTENTS
目录

图解家居设计要点2000例

TV WALL 电视墙

电视墙［洞石＋饰面板＋装饰搁架］

最实用设计要点

01 较长的电视墙设计注意哪些问题？

如果电视墙比较长，可能墙面整体设计会比较大气，但如果处理不好也会显得很压抑，那么这时候就可以考虑分段处理，比如靠近阳台区域做个简单的休闲区，放置储物柜，满足一些储藏功能；靠近过道的部分处理成镂空的隔断，这样空间看上去也会更通透。

电视墙［银箔墙纸＋木线条刷黑漆收口＋大花白大理石］

电视墙［饰面板装饰造型＋茶镜］

电视墙［白玻璃＋黑镜＋不锈钢装饰条］

电视墙［硅藻泥＋装饰壁龛＋装饰搁板＋装饰挂件］

电视墙［石膏板造型 + 彩色乳胶漆］

电视墙［密度板雕刻刷白 + 木线条间贴刷白］

电视墙［石膏板造型 + 墙纸 + 装饰展柜］

电视墙［杉木板装饰背景刷白 + 木网格刷白 + 收纳柜］

电视墙［皮纹砖 + 吊柜］

最实用设计要点

02 挑高的电视墙设计注意哪些问题?

很多挑高空间会彰显别墅气质，电视墙在整个设计中特别重要，但是也不宜过于复杂，应结合整体风格做造型。建议墙面的下半部分做得丰富一些，上半部分则应简洁，这样既显得大气，又不会有头重脚轻的感觉。

电视墙 [木雕 + 黑镜 + 木线条间贴]

电视墙 [装饰壁炉 + 墙纸 + 饰面装饰框 + 木线条密排]

电视墙 [大花白大理石 + 大理石装饰框 + 中式木花格]

电视墙 [彩色乳胶漆 + 装饰搁板 + 装饰壁龛]

电视墙 [墙纸 + 木线条刷白收口 + 黑镜雕花 + 石膏板造型拓缝]

电视墙［啡网纹大理石＋装饰壁龛＋银镜］

电视墙［双色仿古砖斜铺＋石膏板造型＋彩色乳胶漆］

电视墙［水曲柳饰面板显纹刷白＋装饰镜＋彩色乳胶漆］

电视墙［墙纸＋木线条收口＋装饰挂画］

电视墙［墙纸＋石膏板造型＋黑镜］

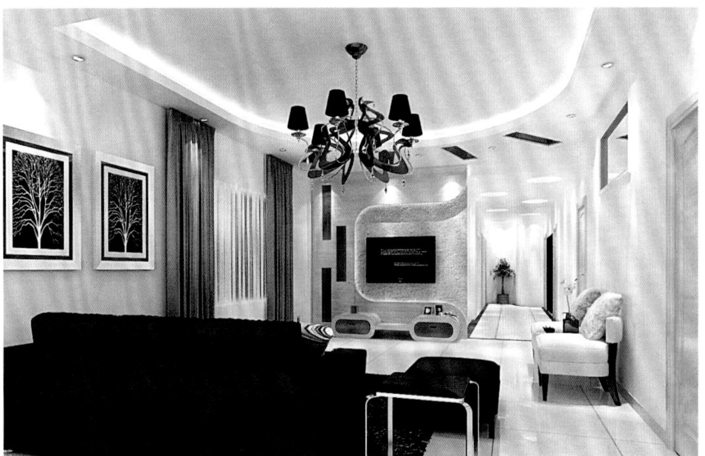

电视墙［质感艺术漆＋饰面板造型＋茶镜］

电视墙［灰色乳胶漆＋杉木板装饰背景刷白］

电视墙［木地板上墙＋大理石线条收口＋密度板雕刻贴银镜］

电视墙［墙纸＋石膏板造型］

电视墙［密度板雕刻刷白］

电视墙［墙纸＋密度板雕刻刷白贴黑色烤漆玻璃］

电视墙［皮质软包＋大理石装饰框］

电视墙 [米白大理石 + 大理石装饰框 + 回纹线条雕刻 + 装饰挂件]

电视墙 [饰面板 + 墙面柜 + 黑镜]

电视墙 [米黄大理石斜铺 + 马赛克 + 大理石线条收口 + 质感艺术漆]

电视墙 [墙纸 + 银镜磨花 + 木线条收口]

电视墙 [磨砂玻璃 + 钢化玻璃 + 百叶帘 + 木线条间贴刷白]

电视墙［饰面板＋墙纸］

最实用设计要点

03 电视墙采用木饰面板装饰注意哪些问题？

采用木饰面板做电视背景，主要就是取其自然的纹理和淡雅的色彩。但是为了防止变形，首先基层上要用木工板或者九厘板做平整，表面的处理尽量精细，不要有明显钉眼。其次，木饰面板上墙的时候要保证纹理方向一致，将来油漆之后才不会出现较大的色差。如果是清漆罩面，清漆上可以通过加调色剂来改变面板颜色。

电视墙［装饰展柜］

电视墙［石膏板造型＋灯带＋墙纸］

电视墙［墙纸＋黑镜＋皮质软包＋不锈钢线条包边］

电视墙［木地板上墙＋大花白大理石拉缝］

电视墙 [艺术墙纸 + 饰面板 + 中式木花格贴透光云石 + 书法墙纸]

电视墙 [墙纸 + 木角花 + 木线条装饰框]

电视墙 [米黄大理石 + 中式木花格贴透光云石]

电视墙 [砂岩 + 木花格贴茶镜]

电视墙 [米黄大理石倒角 + 中式木花格 + 啡网纹大理石]

电视墙 [墙纸 + 饰面板装饰框 + 布艺软包]

电视墙［饰面板凹凸装饰背景刷白］

电视墙［米白色墙砖 + 木线条收口 + 灰镜车边倒角］

电视墙［墙纸 + 石膏板造型 + 布艺软包 + 水曲柳饰面板显纹刷白］

电视墙［墙纸 + 木线条刷白收口 + 茶镜拼菱形 + 彩色乳胶漆］

电视墙［米黄色墙砖 + 茶镜雕花 + 皮质软包］

电视墙［啡网纹大理石斜铺 + 马赛克 + 灰镜雕花 + 大理石线条收口］

电视墙 [洞石斜铺 + 大理石线条收口 + 大理石罗马柱 + 回纹线条雕刻]

电视墙 [饰面板凹凸装饰背景 + 大理石罗马柱 + 墙纸]

电视墙 [石膏板造型 + 墙纸]

电视墙 [墙纸 + 大理石装饰框 + 装饰搁架]

电视墙 [皮质软包 + 饰面板凹凸装饰背景]

电视墙［米黄大理石倒角＋透光云石＋中式木花格贴茶镜］

电视墙［大花白大理石＋黑镜＋装饰挂件］

电视墙［洞石＋密度板雕刻刷白贴茶镜］

电视墙［大花白大理石雕花＋灰镜］

电视墙［石膏板造型拓缝＋马赛克］

电视墙 [米黄色墙砖 + 装饰方柱 + 灰镜]

电视墙 [石膏板造型拓缝 + 黑镜]

电视墙 [啡网纹大理石 + 装饰珠帘]

电视墙 [啡网纹大理石 + 大理石装饰框 + 银镜雕花 + 不锈钢线条收口]

电视墙 [布艺软包 + 饰面板]

电视墙 [墙布 + 杉木线条装饰框]

电视墙［大花白大理石＋仿古砖勾白缝］

最实用设计要点

04 电视墙采用天然石材装饰注意哪些问题？

使用天然石材装饰电视背景时要注意不同石材的纹理差异，在施工之前最好先在地面上拼出图案，把纹理差别比较大的挑出来。建议不要直接用砂浆把石材铺贴到墙面，可以采取干挂的方式，或者在墙面加一层木工板后用胶粘的方式来铺贴，以减少墙体自然开裂对石材的损坏。

电视墙［米黄大理石凹凸铺贴］

电视墙［山水大理石＋装饰柜＋大花白大理石＋装饰搁板］

电视墙［石膏板造型＋墙纸＋装饰搁板］

电视墙［木纹大理石＋饰面板拼花］

电视墙［大花白大理石斜铺 + 灰镜 + 饰面板］

电视墙［墙纸 + 大理石装饰框 + 银镜雕花 + 金属线条收口］

电视墙［洞石倒角 + 饰面装饰框刷白］

电视墙［墙纸 + 波浪板 + 灰镜车边倒角］

电视墙［布艺软包 + 木线条收口 + 墙纸］

电视墙［文化石＋大理石装饰框＋水曲柳饰面板显纹刷白］

电视墙［饰面板＋装饰壁龛＋马赛克＋装饰方柱］

电视墙［墙纸＋木线条喷银漆收口］

电视墙［米黄大理石拉缝＋装饰壁龛］

电视墙［墙纸＋装饰柜＋装饰搁板］

电视墙［大花绿大理石＋茶镜＋茶镜雕花］

电视墙［石膏板造型＋灯带＋墙纸］

电视墙［啡网纹大理石拉缝＋不锈钢线条收口］

电视墙［布艺软包＋木线条收口＋银镜＋实木线装饰套喷银漆］

电视墙 [墙纸 + 装饰书架]

最实用设计要点

05 电视墙与书柜结合设计注意哪些问题?

将电视背景与书柜结合设计成一个整体是不错的选择，既节省空间，又给客厅增加一些文化气息。电视背景书柜制作时一般不会做得太深，深度在 22 ～ 32cm 比较适中。层板的长度宜控制在 80cm 以内，如果做得太长，书放得多了，容易发生变形。

电视墙 [大花白大理石凹凸铺贴 + 装饰搁板]

电视墙 [爵士白大理石 + 茶镜]

电视墙 [墙纸 + 银镜拼菱形 + 木线条刷白收口]

电视墙 [米黄色墙砖 + 银镜]

电视墙［大花白大理石 + 墙纸 + 装饰书柜］

电视墙［墙纸 + 大理石装饰框 + 布艺软包］

电视墙［墙纸 + 实木线装饰套刷白 + 密度板雕刻刷白］

电视墙［墙纸 + 石膏板造型拓缝 + 饰面板凹凸装饰背景］

电视墙［墙纸 + 黑镜雕花 + 米黄色墙砖］

电视墙［装饰壁炉 + 银镜雕花 + 爵士白大理石］

电视墙 [墙纸 + 米黄色墙砖 + 大理石线条收口]

电视墙 [彩色乳胶漆 + 洞石]

电视墙 [石膏板造型拓缝 + 墙纸]

电视墙 [彩色乳胶漆 + 马赛克 + 装饰搁板]

电视墙 [木通花贴茶镜 + 墙纸 + 饰面板抽缝 + 茶镜雕花 + 大理石线条收口]

电视墙 [墙纸 + 不锈钢线条收口 + 啡网纹大理石]

电视墙 [墙纸 + 装饰搁架]

电视墙 [洞石拼花]

电视墙 [爵士白大理石矮墙]

电视墙 [饰面板 + 茶镜车边倒角 + 啡网纹大理石]

电视墙 [布艺软包 + 装饰壁龛 + 饰面装饰框包边]

电视墙 [木地板上墙 + 隐形门 + 银镜 + 装饰搁板]

最实用设计要点

06 电视墙与隐形门设计注意哪些问题?

将电视墙与隐形门设计成一体的形式已经在很多家庭得到运用。设计隐形门的时候，首先要考虑门扇与墙面的整体性，一般都不做门套，但门扇与电视背景的材质要统一。其次要满足使用的功能性，不宜将隐形门设置得过宽或者过窄，宽度能满足一些大型家具进驻即可。

电视墙 [雨啡林大理石 + 大理石装饰框]

电视墙 [米黄大理石斜铺 + 爵士白大理石 + 金色镜面玻璃]

电视墙 [爵士白大理石 + 不锈钢线条打网格 + 银镜磨花]

电视墙 [米黄大理石 + 密度板雕刻刷白 + 实木半圆线装饰框刷白]

电视墙［装饰壁炉 + 砂岩浮雕 + 银镜 + 金色波浪板］

电视墙［皮质硬包 + 铆钉装饰 + 墙纸 + 不锈钢线条收口］

电视墙［仿古砖斜铺 + 墙纸］

电视墙［饰面板抽缝 + 木雕花 + 透光云石］

电视墙［米黄大理石 + 装饰壁龛嵌茶镜］

电视墙 [木线条密排]

电视墙 [墙纸 + 实木线装饰套刷白 + 马赛克墙砖]

电视墙 [爵士白大理石 + 茶镜 + 不锈钢装饰条]

电视墙 [洞石 + 石膏板造型 + 黑镜]

电视墙 [饰面板 + 大理石装饰框 + 墙纸 + 饰面装饰框]

电视墙 [爵士白大理石 + 黑色烤漆玻璃]

电视墙 [墙纸 + 木线条间贴刷白 + 银镜]

电视墙 [彩色乳胶漆 + 银镜 + 饰面板]

电视墙 [墙纸 + 彩色乳胶漆 + 木线条造型刷白]

电视墙 [墙纸 + 木线条刷白收口 + 帝龙板]

电视墙 [饰面板装饰背景 + 密度板雕刻刷白]

电视墙 [啡网纹大理石 + 饰面板 + 装饰搁架]

电视墙［木地板上墙＋灰镜］

最实用设计要点

07 实木地板装饰电视墙注意哪些问题？

实木地板本身是用作铺贴地面的，一般都有凹凸槽，所以用来装饰电视墙的时候就会出现接缝大或者不卡口的问题。建议在施工时最好先铺贴一层木工板打底，使墙面平整以后再用胶水把地板粘在上面。另外，地板也可以拼贴成各种图案。

电视墙［布艺软包＋金属线条收口＋装饰展柜］

电视墙［饰面板抽缝＋黑色烤漆玻璃］

电视墙［书法墙纸＋饰面板拼花］

电视墙［洞石＋木线条收口＋木花格贴茶镜］

电视墙 [墙纸 + 密度板雕刻刷白]

电视墙 [布艺软包 + 实木线装饰套刷白 + 银镜车边倒角]

电视墙 [墙纸 + 木花格贴茶镜]

电视墙 [艺术玻璃 + 木线条收口 + 雕刻板]

电视墙 [雨林棕大理石 + 大理石装饰框 + 茶镜 + 砂岩浮雕]

电视墙 [墙纸 + 布艺软包 + 木线条喷银漆收口]

电视墙 [洞石拉缝 + 装饰挂件]

电视墙 [墙纸 + 灯带 + 大理石罗马柱]

电视墙 [墙纸 + 不锈钢线条收口 + 金属马赛克 + 大理石线条收口]

电视墙 [青砖 + 装饰壁龛嵌银镜]

电视墙 [墙纸 + 石膏板造型 + 黑色烤漆玻璃]

电视墙 [布艺软包 + 大理石线条收口 + 银镜雕花]

电视墙 [洞石雕刻 + 大花白大理石 + 墙纸]

电视墙 [石膏板造型 + 木线条间贴刷白]

电视墙 [大花白大理石 + 黑色烤漆玻璃]

电视墙 [木纹砖 + 黑色烤漆玻璃 + 密度板雕刻刷白]

电视墙 [洞石 + 茶镜 + 玻璃搁板]

电视墙 [水曲柳饰面板显纹刷白 + 灰镜]

最实用设计要点

08 楼梯下面的电视墙设计注意哪些问题?

将电视墙设计在楼梯下面既可以合理利用空间，又可以增添新意，可谓一举两得。需要注意的是，如果是现浇的楼梯，下面可以大胆地用木质材料或石膏板来制作电视背景；如果楼梯是木质或者钢架焊接的，则要考虑楼梯的伸缩性，木质作品与楼梯间的接缝可以适当地留出一点空隙。

电视墙 [米黄大理石 + 墙纸 + 帝龙板]

电视墙 [绿色烤漆玻璃 + 波浪板 + 铁艺雕花隔断]

电视墙 [墙纸 + 木线条收口]

电视墙 [啡网纹大理石 + 质感艺术漆 + 大理石线条收口]

电视墙［艺术玻璃 + 饰面板 + 银镜］

电视墙［墙纸 + 装饰展柜］

电视墙［银镜磨花 + 装饰搁架］

电视墙［大花绿大理石 + 帝龙板 + 装饰壁龛嵌银镜］

电视墙［墙纸 + 文化石］

电视墙［装饰壁炉 + 马赛克 + 实木半圆线装饰框刷白］

电视墙［布艺软包 + 木线条喷银漆收口 + 饰面凹凸装饰背景刷白］

电视墙［水曲柳饰面板显纹刷白 + 不锈钢线条收口 + 墙纸 + 黑色烤漆玻璃］

电视墙［石膏板造型 + 墙纸 + 灰镜］

电视墙 [墙纸 + 黑镜 + 实木半圆线间贴刷白]

电视墙 [墙纸 + 布艺软包 + 木线条刷白包边 + 黑镜车边倒角]

电视墙 [墙纸 + 杉木板凹凸铺贴刷白 + 装饰方柱刷白]

电视墙 [爵士白大理石 + 黑镜 + 墙面柜]

电视墙 [墙纸 + 实木半圆线装饰框刷白 + 茶镜雕花]

电视墙 [洞石 + 马赛克腰线 + 银镜拼菱形 + 不锈钢线条收口]

电视墙 [饰面板 + 石膏板造型 + 彩色乳胶漆]

最实用设计要点

09 电视墙与吊顶连成一体设计注意哪些问题？

将电视墙与客厅的吊顶连成一体的设计手法，简洁时尚且充满个性。这里要注意的是饰面的墙纸色调不宜太深，否则会显得压抑和沉重。其次是电视柜越长越显得大气，但要注意加固。

电视墙 [墙纸 + 饰面板凹凸装饰背景刷白 + 实木线装饰套刷白]

电视墙 [双色墙砖铺贴 + 木花格贴银镜]

电视墙 [墙纸 + 木线条收口]

电视墙 [石膏板造型拓缝 + 灰镜 + 密度板雕刻刷白]

电视墙 [啡网纹大理石 + 木花格贴银镜 + 墙纸]

电视墙 [木纹大理石 + 木花格 + 装饰柜 + 木线条密排]

电视墙 [饰面板 + 中式木花格 + 米黄大理石 + 大理石线条收口]

电视墙 [墙纸 + 大理石装饰框 + 黑镜 + 饰面板凹凸装饰背景刷白]

电视墙 [墙纸 + 大理石线条收口 + 杉木板装饰背景]

电视墙［石膏板造型拓缝＋灰镜］

电视墙［皮纹砖＋木线条收口＋灰镜］

电视墙［皮质软包＋墙纸＋饰面装饰框］

电视墙［布艺软包＋墙纸＋木线条收口］

电视墙［墙纸＋饰面板＋灯带］

电视墙［木纹砖＋帝龙板＋不锈钢线条收口］

电视墙 [墙纸 + 木线条间贴 + 紫罗红大理石]

电视墙 [石膏板造型 + 肌理涂料 + 装饰壁龛 + 装饰搁板]

电视墙 [墙纸 + 木线条刷白收口]

电视墙 [装饰壁炉 + 米黄色墙砖拉槽 + 大理石装饰框 + 饰面板]

电视墙 [墙纸 + 密度板雕刻刷白贴玫红色烤漆玻璃 + 装饰搁架]

电视墙［啡网纹大理石＋灯带］

最实用设计要点

10 电视墙嵌入墙面的设计注意哪些问题？

对于电视机嵌入墙面的设计，需要事先了解电视机的尺寸，同时还要注意机架的悬挂方式，提前留出电视机背面的插座位置。这样才不会在安装好以后，出现电视机嵌不进去或插座插不上的问题。

电视墙［洞石＋灰镜＋木线条间贴刷白］

电视墙［马赛克＋灰镜倒角拼菱形＋饰面装饰框刷白］

电视墙［石膏板造型拓缝＋墙纸］

电视墙［灰色墙砖拉槽＋墙纸＋装饰壁龛］

电视墙 [米黄大理石斜铺 + 大理石线条收口 + 银镜拼菱形 + 木线条刷白收口]

电视墙 [饰面板 + 茶镜 + 装饰搁板]

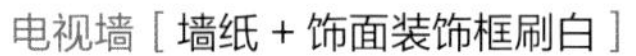

电视墙 [墙纸 + 饰面装饰框刷白]

电视墙 [米黄色墙砖 + 茶镜 + 皮质软包]

电视墙 [仿大理石墙砖 + 挂镜线 + 不锈钢装饰条]

电视墙 [浅绿色烤漆玻璃 + 密度板雕刻刷白]

电视墙［仿古砖拉槽 + 墙纸 + 护墙板 + 装饰搁架］

电视墙［木纹砖倒角］

电视墙［木纹大理石 + 中式木花格贴透光云石］

电视墙［米黄色墙砖凹凸铺贴 + 木线条收口］

电视墙［墙纸 + 灰镜 + 木线条刷白收口］

电视墙［墙纸 + 中式木花格刷白贴黑镜 + 石膏板造型拓缝］

电视墙［饰面板 + 装饰搁板 + 文化石刷白 + 彩色乳胶漆］

电视墙［装饰壁炉 + 米黄大理石斜铺 + 大理石装饰柱 + 墙纸 + 木线条收口］

电视墙［装饰壁炉 + 啡网纹大理石 + 银镜 + 饰面板凹凸装饰背景］

电视墙［墙纸 + 实木半圆线装饰框刷白］

电视墙［青砖勾白缝 + 木线条收口］

最实用设计要点

11 选择玻璃材质装饰电视墙注意哪些问题？

玻璃材质是一种容易清理的材质，而且现代感十足，可选择种类繁多、变化多样。但是用玻璃材质做电视背景一定要计算好拼缝的位置，最好能巧妙地把接缝处理在造型的边缘或者交接处。此外，玻璃的高度最好不要超过2.4m，超过这个尺寸就要花大代价特殊定制。

电视墙 [墙纸 + 红色烤漆玻璃]

电视墙 [米黄色墙砖 + 彩色乳胶漆 + 装饰壁龛]

电视墙 [米白色墙砖斜铺 + 饰面板装饰背景 + 米黄色墙砖]

电视墙 [米色墙砖 + 银镜 + 帝龙板]

电视墙 [石膏板造型拓缝 + 彩色乳胶漆 + 黑色烤漆玻璃]

电视墙 [墙纸 + 饰面板凹凸装饰背景]

电视墙 [硅藻泥 + 饰面板拼花]

电视墙 [米白色墙砖 + 灯带 + 灰镜 + 装饰方柱刷白]

电视墙 [墙纸 + 大理石装饰框 + 灰镜车边倒角]

电视墙 [灰镜 + 木地板上墙]

电视墙 [石膏板造型拓缝 + 灯带 + 墙纸]

电视墙 [艺术马赛克 + 黑镜 + 铁艺 + 硅藻泥]

电视墙 [布艺软包 + 大理石线条收口 + 墙纸]

电视墙 [米黄色墙砖倒角 + 茶镜 + 装饰搁架刷白]

电视墙［波浪板＋磨砂玻璃＋不锈钢装饰条］

电视墙［皮纹砖］

电视墙［青石大理石＋灰镜＋不锈钢线条收口］

电视墙［墙纸＋装饰挂件］

电视墙［米黄大理石＋墙纸＋木线条装饰框刷白］

电视墙［石膏板造型＋彩色乳胶漆］

电视墙［墙纸＋石膏板造型拓缝］

电视墙［墙砖刷白 + 装饰搁板］

最实用设计要点

12 砖纹电视墙设计注意哪些问题?

砖纹的粗犷质感被很多人所喜爱，砖纹墙面的做法很多，可以考虑用砖纹文化石铺贴，再嵌白色填缝剂，立体感更强。有些如果是新建墙体，那么可以在建墙的时候就要求瓦工师傅有规则地砌。切记用白水泥砂浆，而且还要边砌边勾缝，最终用白色填缝剂填缝，效果会更自然。

电视墙［洞石 + 帝龙板 + 中式木花格贴灰镜］

电视墙［木纹大理石 + 墙纸 + 大理石线条收口 + 洞石］

电视墙［米黄色墙砖 + 银镜雕花 + 木线条喷金漆收口］

电视墙［墙纸 + 茶镜倒角 + 皮质软包 + 大理石线条收口］

电视墙 [木地板上墙 + 黑色烤漆玻璃 + 灯带]

电视墙 [石膏板造型 + 彩色乳胶漆 + 木质装饰柱]

电视墙 [洞石 + 金龙米黄大理石]

电视墙 [装饰柜 + 石膏顶角线]

电视墙 [爵士白大理石 + 茶镜雕花 + 米黄色墙砖]

电视墙 [洞石 + 彩色乳胶漆]

电视墙 [大花白大理石 + 饰面装饰框 + 墙纸]

电视墙 [木网格刷白 + 木线条收口 + 木花格]

电视墙 [皮质软包 + 墙纸 + 银镜 + 金属线条收口]

电视墙 [皮纹砖 + 黑白根大理石]

电视墙 [石膏板造型 + 木线条密排]

电视墙 [米白大理石 + 中式木花格 + 木线条收口]

电视墙 [中式木雕 + 墙纸]

电视墙 [米色墙砖拉槽 + 马赛克 + 入墙式收纳柜]

电视墙 [墙纸 + 木线条刷白收口 + 银镜车边倒角]

电视墙 [石膏板造型 + 黑镜 + 墙纸]

电视墙 [白色乳胶漆 + 墙贴]

最实用设计要点

13 烤漆玻璃装饰电视墙注意哪些问题?

烤漆玻璃装饰电视墙可以不用广告钉，直接用胶粘就可以，但是基础底面一定要平整，最好先用石膏板或者高密度板打底。此外，如果电视墙使用烤漆玻璃，建议就不要把电视机挂在墙面上，因为电视机一般是等玻璃装好以后才安装的，打孔的时候很容易发生玻璃破裂的情况。如果一定要挂在墙上，最好先买好电视机，等把电视机后挂架的孔打好后再进行安装。

电视墙 [黑色烤漆玻璃 + 墙面柜]

电视墙 [饰面板抽缝 + 黑色烤漆玻璃]

电视墙 [墙纸 + 石膏板造型 + 灰镜]

电视墙 [墙纸 + 木线条刷白收口 + 茶镜雕花 + 石膏板造型拓缝]

电视墙 [洞石 + 密度板雕刻刷白 + 饰面板凹凸装饰背景刷白]

电视墙 [石膏板造型 + 黑色烤漆玻璃]

电视墙 [米白大理石拉缝 + 马赛克 + 啡网纹大理石地台]

电视墙 [墙纸 + 木线条刷白收口]

电视墙 [墙纸 + 饰面板 + 茶镜]

电视墙 [墙纸 + 饰面板 + 灯带 + 大理石搁板]

电视墙 [密度板雕刻刷白 + 装饰搁板]

电视墙［硅藻泥＋装饰方柱］

电视墙［米黄色墙砖＋墙面柜嵌黑镜＋装饰方柱刷白］

电视墙［米黄大理石斜铺＋大理石线条收口＋饰面板凹凸背景刷白］

电视墙 [洞石 + 大理石装饰框 + 饰面板凹凸装饰背景刷白]

电视墙 [墙纸 + 木线条刷白收口 + 银镜]

电视墙 [彩色乳胶漆 + 墙面柜嵌银镜 + 墙贴]

电视墙 [彩色乳胶漆 + 装饰壁龛 + 装饰展柜]

电视墙 [黑镜 + 装饰壁龛]

最实用设计要点

14 做显纹漆的木饰面板装饰电视墙注意哪些问题?

电视墙使用有纹理的木饰面板做显纹漆，要避免使用亮光漆，推荐使用纯亚光漆。因为亮光漆从不同的角度看会产生不同的反光，容易造成视觉混乱，影响效果。如果用水曲柳面板或者红橡面板，最好不要使用清水漆，更不要使用半亚光漆或者亮光漆。

电视墙［洞石 + 灰镜雕花 + 帝龙板］

电视墙［饰面板 + 挂镜线 + 照片墙］

电视墙［墙纸 + 黑镜 + 装饰方柱刷白］

电视墙［米黄大理石 + 皮质软包 + 大理石线条收口 + 墙纸］

电视墙［墙纸 + 文化石］

电视墙［杉木板凹凸铺贴刷白］

电视墙［石膏板造型＋灯带＋墙纸］

电视墙［装饰线帘＋密度板雕刻刷白贴银镜］

电视墙［墙纸＋木线条刷白收口＋彩色乳胶漆＋杉木板背景刷蓝漆］

电视墙［墙纸＋帝龙板］

电视墙［皮质软包＋黑镜］

电视墙 [杉木板装饰背景 + 大花白大理石]

电视墙 [墙纸 + 石膏板造型拓缝 + 灰镜 + 装饰搁板]

电视墙 [饰面板 + 银镜]

电视墙 [米黄色墙砖倒角 + 马赛克]

电视墙 [石膏板造型 + 彩色乳胶漆 + 装饰搁架 + 墙纸]

电视墙 [石膏板造型 + 墙纸]

电视墙 [洞石 + 饰面板 + 装饰壁龛 + 木线条收口]

电视墙 [洞石 + 密度板刷白贴银镜 + 木线条刷白收口]

电视墙 [墙纸 + 黑镜 + 装饰方柱刷白]

电视墙 [彩色乳胶漆 + 仿古砖 + 装饰窗]

电视墙 [米黄色墙砖 + 马赛克 + 茶镜]

电视墙 [饰面板 + 灰镜 + 装饰搁板]

电视墙 [硅藻泥 + 装饰搁板 + 装饰搁架]

最实用设计要点

15 电视墙设计成开放式或半开放式的隔断注意哪些问题?

很多客厅的隔壁房间可以设计成书房或者餐厅，如果不是私密性的空间，完全可以和客厅打通，形成互动。这种形式的电视墙就需要做成开放式或者半开放式的隔断，这样处理可以使客厅向其他房间延伸，两个房间也可以相互借景。

电视墙 [墙纸 + 木线条收口 + 波浪板]

电视墙 [墙砖倒角 + 不锈钢装饰条 + 大理石装饰框]

电视墙 [墙纸 + 密度板雕刻刷白 + 木线条装饰框刷白]

电视墙 [米黄色墙砖 + 装饰壁龛]

电视墙 [布艺软包 + 大理石装饰框]

电视墙 [石膏板造型 + 墙纸 + 装饰搁板]

电视墙 [墙纸]

电视墙 [石膏板造型拓缝 + 墙纸]

电视墙 [墙纸 + 密度板雕刻刷白贴黑镜]

电视墙 [装饰方柱刷白 + 玻璃搁板 + 银镜雕花 + 夹层玻璃]

电视墙［大花白大理石＋马赛克线条收口＋墙纸］

电视墙［墙纸＋饰面板］

电视墙［真丝手绘墙纸＋中式木花格＋密度板雕刻刷白］

电视墙［米白色墙砖倒角＋灰镜＋木花格贴灰镜］

电视墙［彩色乳胶漆＋银镜＋木线条装饰框＋磨砂玻璃］

电视墙［石膏板造型＋墙纸＋木网格刷白］

电视墙 [饰面板凹凸装饰背景刷白 + 墙纸 + 回纹线条造型刷白]

电视墙 [啡网纹大理石 + 砂岩浮雕 + 木格栅刷白]

电视墙 [幻彩红大理石 + 大理石罗马柱 + 大理石装饰框]

电视墙 [米黄色大理石 + 茶镜拼菱形 + 木线条刷白收口]

电视墙 [墙纸 + 石膏板造型 + 灯带]

电视墙 [皮质软包 + 大理石线条收口 + 灯带 + 彩色乳胶漆]

最实用设计要点

16 软包装饰电视墙注意哪些问题?

软包在新古典风格中被广泛应用，可以选择的颜色很多，但是如果电视墙使用比较跳跃大胆的颜色，最好和客厅里的其他软装颜色上形成呼应，比如沙发、靠包、窗帘等，这样会比较谐调。此外，软包的边角要注意收口，收口的材料可根据不同的风格来选择，如石材、挂镜线、木线条等。

电视墙 [爵士白大理石 + 钢化玻璃]

电视墙 [墙纸 + 大理石装饰框 + 木格栅贴银镜 + 密度板雕刻刷白]

电视墙 [皮质软包 + 银镜 + 大理石装饰框]

电视墙 [米黄大理石 + 装饰壁龛 + 黑镜雕花]

电视墙 [饰面板 + 装饰搁板]

电视墙 [饰面板 + 装饰壁炉 + 大理石罗马柱]

电视墙 [饰面板 + 墙纸 + 装饰珠帘]

电视墙 [彩色乳胶漆 + 墙纸 + 马赛克]

电视墙 [灰镜 + 墙纸 + 木线条装饰框刷白]

电视墙［文化石 + 木雕花 + 饰面板凹凸装饰背景 + 木质罗马柱］

电视墙［啡网纹大理石 + 木格栅贴银镜 + 波浪板］

电视墙［墙纸 + 木线条装饰框］

电视墙 [帝龙板 + 装饰方柱]

电视墙 [墙纸 + 银镜 + 饰面板 + 木线条刷白收口]

电视墙 [啡网纹大理石斜铺 + 大理石装饰框 + 饰面板凹凸装饰背景刷白]

电视墙 [墙纸 + 茶镜雕花 + 饰面装饰框刷白]

电视墙 [石膏板造型拓缝 + 墙纸]

电视墙 [墙纸]

电视墙 [墙纸]

电视墙［米白大理石斜铺＋茶镜车边倒角＋大理石凹凸装饰背景］

最实用设计要点

17 电视墙的光槽反光面使用玻璃材质注意哪些问题？

电视墙的光槽反光面尽量避免使用镜子或玻璃等反光比较强烈的材质，否则光容易反射到光槽里面的灯管或者施工没有处理到位的地方。如果一定要使用这类材质，可以选用磨砂玻璃或者浅色的玻璃，这样不容易产生反光。

电视墙［仿古砖斜铺＋大理石线条收口＋双色墙砖铺贴］

电视墙［双色墙砖斜铺＋墙纸］

电视墙［墙纸＋不锈钢包边＋灰镜车边倒角］

电视墙［墙纸＋墙面柜］

电视墙［墙纸＋黑色烤漆玻璃倒角］

电视墙［墙纸＋装饰搁架］

电视墙［布艺软包＋茶镜雕花＋木线条刷白收口］

电视墙［水曲柳木饰面板显纹刷白＋黑色烤漆玻璃］

电视墙［墙纸＋木花格贴透光云石＋饰面板］

电视墙［墙纸＋中式木花格喷金漆＋饰面板］

电视墙［饰面板 + 木线条造型 + 透光云石 + 木花格］

电视墙［米白色墙砖 + 木花格贴银镜 + 灰镜］

电视墙［石膏板造型 + 彩色乳胶漆 + 木线条造型 + 灯带］

电视墙［布艺软包 + 大理石装饰框 + 黑镜］

电视墙［米黄大理石 + 银镜 + 装饰方柱］

电视墙［洞石 + 磨砂玻璃 + 不锈钢线条收口］

电视墙［饰面板 + 装饰展柜］

电视墙［洞石 + 木网格贴墙纸］

电视墙［大花白大理石 + 灰镜］

电视墙［米黄色墙砖 + 银镜倒边 + 彩色乳胶漆］

电视墙［米黄色墙砖 + 银镜雕花］

电视墙 [墙砖凹凸铺贴 + 大理石装饰框]

最实用设计要点

18 电视墙铺贴瓷砖或大理石注意哪些问题?

电视墙贴瓷砖或大理石大致有两种方式：一种是墙面做钢架的方式，另一种是直接在原墙面上铺贴或者是在原墙面上垫一层木工板然后用胶水粘贴的方式。不管采用哪种方式，只要是电视机挂在背景墙上的设计，都要预先考虑好电视线的排放位置及高度。

电视墙 [米黄大理石 + 波浪板 + 木线条收口 + 茶镜 + 木线条装饰框刷白]

电视墙 [洞石拉缝]

电视墙 [质感艺术漆 + 木线条收口刷白 + 墙纸 + 银镜倒角]

电视墙 [饰面板 + 灰镜 + 木线条间贴刷白]

电视墙［大花白大理石 + 装饰搁架 + 银镜］

电视墙［石膏板造型 + 硅藻泥 + 木通花 + 饰面板］

电视墙［墙纸 + 大花白大理石］

电视墙［米黄色墙砖斜铺 + 大理石线条收口 + 银镜 + 装饰方柱］

电视墙［墙纸 + 洞石 + 黑色烤漆玻璃］

电视墙［石膏板造型＋硅藻泥＋洞石斜铺］

最实用设计要点

19 马赛克砌电视柜注意哪些问题?

用马赛克砌电视柜比较受年轻人的青睐。在做电视柜之前，首先要选好马赛克。一般马赛克的规格是40mm×40mm、20mm×20mm、30mm×30mm、25mm×25mm、10mm×10mm，因为电视柜的尺寸不是很大，如果尺寸规格计算得不准确，很容易造成马赛克转角衔接困难。

电视墙［洞石＋黑镜雕花］

电视墙［黑镜雕花＋木线条刷白收口＋米黄色墙砖夹黑色小砖斜铺］

电视墙［墙纸＋帝龙板＋黑镜雕花＋饰面装饰框刷白］

电视墙［皮质软包＋大理石装饰框］

电视墙［墙纸 + 金色波浪板 + 帝龙板］

电视墙［米黄大理石凹凸装饰背景］

电视墙［石膏板造型拓缝 + 灯带 + 装饰方柱］

电视墙［马赛克 + 雕刻板刷白 + 不锈钢线条收口］

电视墙[米黄大理石 + 茶镜雕花 + 大理石线条收口]

电视墙［布艺软包 + 墙纸 + 饰面装饰框刷白］

电视墙［布艺软包 + 不锈钢装饰条 + 木线条收口］

电视墙［石膏板造型＋装饰搁板］

最实用设计要点

20 悬挂式电视柜注意哪些问题？

悬挂式电视柜多为现场制作，先用木工板基层加密度板贴面，再用混水油漆饰面，易与整体设计相协调。但特别需要提醒的是，悬挂式电视柜在固定时，如果采用普通膨胀螺栓，则承重较小，会有安全隐患。因此建议在墙面上固定钢架结构，这样承重较好，且后期不容易变形下垂。

电视墙［洞石＋灰镜＋墙纸＋不锈钢装饰条收口］

电视墙［米黄色墙砖倒角＋灰镜车边倒角］

电视墙［石膏板造型＋灰镜＋墙纸］

电视墙［墙纸＋木纹砖＋大理石线条］

电视墙 [米黄大理石 + 饰面板 + 银镜]

电视墙 [大花白大理石 + 大理石凹凸装饰背景 + 墙纸 + 饰面装饰框刷白]

电视墙 [米黄大理石 + 墙纸 + 大理石线条收口]

电视墙 [砂岩浮雕 + 灰镜 + 装饰方柱刷白]

电视墙 [爵士白大理石 + 石膏板造型 + 灰镜]

电视墙 [木纹砖 + 灰镜]

电视墙［墙纸 + 大理石线条收口 + 银镜 + 水曲柳饰面板显纹刷白］

电视墙［墙布 + 茶镜］

电视墙［石膏板造型 + 不锈钢装饰条］

电视墙［墙纸 + 石膏板造型 + 艺术墙绘］

电视墙［马赛克拼花 + 墙纸 + 银镜 + 实木线装饰套刷白］

电视墙［大花白大理石 + 装饰壁龛 + 银镜］